AF152217

BEI GRIN MACHT SICH IHR
WISSEN BEZAHLT

- Wir veröffentlichen Ihre Hausarbeit,
  Bachelor- und Masterarbeit

- Ihr eigenes eBook und Buch -
  weltweit in allen wichtigen Shops

- Verdienen Sie an jedem Verkauf

Jetzt bei www.GRIN.com hochladen
und kostenlos publizieren

Daniela Manske

Die Emotion Lust

GRIN Verlag

Bibliografische Information der Deutschen Nationalbibliothek:

Die Deutsche Bibliothek verzeichnet diese Publikation in der Deutschen National-
bibliografie; detaillierte bibliografische Daten sind im Internet über http://dnb.d-
nb.de/ abrufbar.

Impressum:

Copyright © 2007 GRIN Verlag GmbH
Druck und Bindung: Books on Demand GmbH, Norderstedt Germany
ISBN: 978-3-638-92723-9

Dieses Buch bei GRIN:

http://www.grin.com/de/e-book/89453/die-emotion-lust

GRIN - Your knowledge has value

Der GRIN Verlag publiziert seit 1998 wissenschaftliche Arbeiten von Studenten, Hochschullehrern und anderen Akademikern als eBook und gedrucktes Buch. Die Verlagswebsite www.grin.com ist die ideale Plattform zur Veröffentlichung von Hausarbeiten, Abschlussarbeiten, wissenschaftlichen Aufsätzen, Dissertationen und Fachbüchern.

Besuchen Sie uns im Internet:

http://www.grin.com/

http://www.facebook.com/grincom

http://www.twitter.com/grin_com

Die Emotion Lust

Hausarbeit

im Seminar „Gehirn, Emotionen und Bewusstsein"

an der Universität Augsburg

vorgelegt von:

Daniela Manske

Inhaltsverzeichnis

„Aus der Tatsache, dass ich die Leidenschaften eingehend studiert habe, scheinen Sie zu schließen, dass ich keine mehr haben sollte; aber ich kann Ihnen versichern ganz im Gegenteil, als ich sie untersuchte, fand ich fast alle von ihnen gut und so nützlich für dieses Leben, dass unsere Seele keinen Grund hätte, auch nur für einen einzigen Moment zu wünschen mit dem Körper vereint zu bleiben, wenn sie die Leidenschaften nicht empfinden könnte."

René Descartes, 1646[1]

---

[1] Wassermann, 2002, S.1

1. Einleitung

Freude und Trauer, Liebe und Hass, Wut und Lust: Unsere Emotionen beeinflussen unser Denken und Handeln mehr, als wir glauben. Für den Neurowissenschaftler Antonio Damasio sind Emotionen sogar die geheimen Regisseure unseres Alltags,[2] denn es vergeht kein Moment, in welchem unsere Emotionen „ausgeschaltet" sind. Jedes banalste Ereignis wird von unterschiedlichsten subjektiven Gefühlen begleitet.

Früher galten diese Emotionen als unliebsamer Ballast, der insbesondere den Frauen zum rationalen Denken im Wege stand. Heute lernen wir sie dagegen immer mehr zu schätzen, besser zu deuten, zu respektieren und sinnvoll zu nutzen. Somit gelang der Begriff der „Emotionalen Intelligenz", der diese Fähigkeiten benennt, nach und nach in den Öffentlichkeitsfokus.

Neue Erkenntnisse verdankt man seit Ende der 1980er-Jahre bildgebenden Verfahren wie der Computertomographie, durch welche man das Gehirn in Aktion beobachten kann und aktive Hirnreale verschiedenen Gefühlen zuzuordnen weiß.[3] Dabei stellen sich immer wieder erstaunliche Verbindungen und Funktionen heraus, welche uns dabei helfen können, das Verhalten der Menschen tiefgehender als je zuvor zu analysieren.

Warum greife ich jetzt zur Schokolade und später zum Steak? Warum höre ich in diesem Moment klassische Musik und weshalb will ich jetzt meinem Partner nahe sein? Unser Handeln wird zu einem großen Teil von der Emotion Lust geleitet. Soweit es uns möglich ist, gehen wir dieser Lust als Art „Eingebung" nach ohne jedoch zu wissen, woher dieses Gefühl kommt, wie es entsteht und welcher Zweck dahinter steht. Wie kommt es dazu, dass aus Lust auf etwas plötzliche eine krankhafte Sucht entsteht?

Dies sind, unter anderen, Aspekte, welche die Hirnforschung seit langem beschäftigt. Durch neue Untersuchungsmethoden und einen immer fortschreitenden Grad der Erforschung und Visualisierung unseres Gehirnes ist es Forschern möglich, diesen Fragen auf den Grund zu gehen. Die Persönlichkeit, die Umgebung und Erziehung, das Geschlecht und das Alter des Menschen sind daneben Faktoren,

---

[2] Vgl. Gehirn und Geist, 1/2007, S. 3
[3] Vgl. Hussendörfer, Elisabeth: Stark durch Gefühle, in: Emotion von März 2006, S. 50

welche nicht unentscheidend bei der kontinuierlichen Gefühlsentstehung und dem Gefühlsempfindung mitwirken.

Diese Hausarbeit konzentriert sich jedoch auf die anatomische Herangehensweise und will einen Einblick in die bisherige Gehirnforschung geben. Dabei legt sie ihren Fokus auf die Emotion „Lust".

2. Grundlagen der Gefühle

2.1 Emotion und Gefühl – eine Differenzierung

Wenn unter Laien die Rede von Emotionen und Gefühlen ist, so wird dabei nicht zwischen den beiden unterschieden. Tatsächlich sind ihre Grenzen fließend, eine Differenzierung jedoch sinnvoll. Der Neurobiologe Antonio Damasio versteht unter Emotionen in erster Linie komplexe Reaktionen des Körpers auf bestimmte Stimuli. Herzrasen und eine blasse Gesichtsfarbe sind dabei unbewusste Reaktionen auf ein Angsterleben. Gefühle entstehen laut Damasio dann, wenn wir diese körperlichen Reaktionen in bestimmten Hirnregionen wahrnehmen. Dies bedeutet, dass Gefühle genau genommen erst aus Emotionen entstehen. Das Gehirn empfängt dabei die Signale aus dem Körper und registriert somit, was in uns abläuft. Diese Signale werden von neuronalen Karten verarbeitet, wodurch Gefühle entstehen. Im obigen Beispiel wäre dies dann die Furcht.[4]

2.2 Hirnstrukturen des emotionalen Geschehens - Das Limbische System

Emotionen sind grundsätzlich im Gehirn zu lokalisieren, genauer gesagt in einer bestimmten Struktur des Gehirns, welches man das limbische System nennt. Hier entstehen jedoch nicht nur unsere Gefühle, sondern auch unser Bewertungs- und Motivationsvermögen hat hier seine Wurzeln.

Dieses System bezeichnet keinen bestimmten Bereich des Gehirnes, sondern setzt sich aus diversen Hirnstrukturen unterschiedlichen Aufbaus und komplexen Funktionen zusammen. [5] Es handelt sich bei dem Limbischen System um eine

---

[4] Vgl. Gehirn und Geist, 1/2007, S.31
[5] Vgl. Ankowitsch, 2002, S. 50

ringförmig (limbus: Ring, Saum) angeordnete Ansammlung neuronaler Strukturen unterhalb der Großhirnrinde. Diese Strukturen setzen sich vor allem aus der Amygdala (Mandelkern), dem Hippokampus (Seepferdchen oder Ammonshorn), dem Septum, den Mammilarkörpern und dem Fornix zusammen, wobei es zu leichten Definitionsunterschieden kommen kann, wird teilweise auch noch der Gyrus cinguli und andere Strukturen des Riechhirns sowie Teile des Thalamus und des Frontalhirns zum Limbischen System gerechnet.[6]

Abbildung 2.2.1.

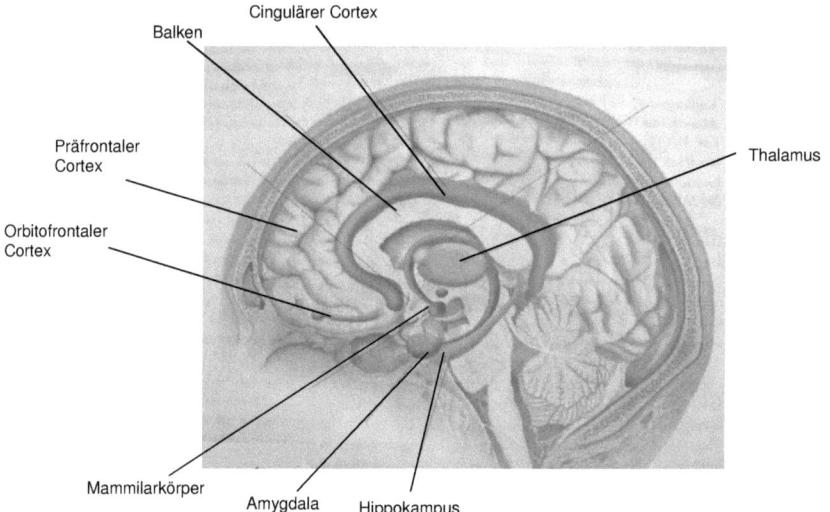

Quelle: modifiziert übernommen aus: Anatomica, 2004, S. 169

Der Hippokampus ist tief im Schläfenlappen eingebettet und geht dadurch in den Cortex über. Verbunden mit Teilen der Großhirnrinde, dem Thalamus und dem Hypothalamus ist er an der Gedächtnisbildung beteiligt. Bei Störungen und Verletzungen des Hippokampus kommt es folglich zu Erinnerungsschwierigkeiten. Längst vergangene Geschehnisse bleiben dabei in Erinnerung, jüngste Ereignisse werden vergessen. [7]

---

[6] Vgl.: Hülshoof, 1999, S. 34
[7] Vgl: Anatomica, 2004, S. 169

Die Amygdala liegt vor dem Hippokampus im Schläfenlappen. Sie ist eng mit dem Riechzentrum, dem Hippokampus, dem Großhirn und dem Hypothalamus verbunden und für den Gefühlsausdruck unentbehrlich. Fehlt die Amygdala, so kann der Organismus nicht mehr auf Angst auslösende Reize reagieren, somit erkennt er eine bedrohliche Lage nicht.[8]

Die kleine Septumregion, welche als das Belohnungszentrum gilt, liegt unter und vor dem Balken. Sie ist ebenso mit dem Hippokampus, der Amygdala und dem Hypothalamus verbunden. Dieser Bereich wird zur Erforschung des Lust- und Suchtverhaltens herangezogen.[9]

Im Gegenteil zu frühen Behauptungen ist das limbische System für lebenswichtige Verhaltensfunktionen zuständig. Darunter fallen neben den Gefühlen auch Nahrungs- und Flüssigkeitszunahme, Verteidigung, Fortpflanzung und, wie oben bereits erwähnt, die Gedächtnisbildung.[10] Zudem sorgen limbisches und autonomes Nervensystem dafür, dass die Gefühle körperliche Auswirkungen nach sich ziehen. Der Körper macht also das, was ihm die Gefühle befehlen. Dies geschieht mit Hilfe des Hypothalamus, welcher die Tätigkeit der Körperorgane mit Hilfe von Hormonproduktion so regelt, dass vegetative Veränderungen mit den Gefühlen einhergehen. Bei Gefahr und aufkommender Angst sorgt jenes System also dafür, dass genügend Blut durch die Muskeln fließt, damit wir besser wegrennen können. [11] Die verhaltensspezifischen und kognitiven Veränderungen zum Ausdruck eines Gefühls erfolgen vorwiegend durch die Impulsfortleitung von den limbischen Strukturen zur Frontal- und Schläfenlappenrinde.[12]

2.3 Biochemische Grundlagen emotionalen Erlebens

Wie oben bereits festgestellt entstehen unsere Emotionen und Gefühle im Gehirn, wodurch unser Verhalten als Resultat weitgehend bestimmt wird. Um zu verstehen, wie dies möglich sein kann, muss man tiefer in die Materie blicken – unter biologischen und chemischen Gesichtspunkten.

---

[8] Vgl Anatomica, 2004, S. 169
[9] Vgl. ebenda.
[10] Vgl. ebenda.
[11] Vgl. Ankowitsch, 2002, S. 51
[12] Vgl. Anatomica, 2004, S. 169

Unser Gehirn besteht aus 100 Milliarden Nervenzellen, welche vielfach miteinander verbunden sind. Durch diese Verbindungen werden bioelektrische Impulse zur Informationsvermittlung übermittelt, welche die Mediziner als Aktionspotenziale bezeichnen. Jene bioelektrischen Impulse werden über die Synapse, welche die Verbindung zwischen zwei Nervenenden darstellt, durch eine chemische Veränderung übertragen. Hierzu werden, unter anderen, Neurotransmitter in den synaptischen Spalt entlassen um die Veränderung an den Wänden der Nervenenden auszulösen. In den Nervenenden sitzen Rezeptoren, an welche sich die ausgeschütteten Neurotransmitter heften und somit den dort befindlichen Ionenkanal öffnen, woraufhin diese sich öffnen und Natriumionen freisetzen. Demzufolge entsteht wieder ein elektrisches Aktionspotenzial, welches nun die Zelle durchläuft. Auf diese Art und Weise wird im Gehirn eine Weiterleitung aller Informationen ausgelöst[13]. Diese durchlaufen Nervenzelle für Nervenzelle und gelangen letztendlich zu den jeweiligen Körperzellen.

Abbildung 2.3.1

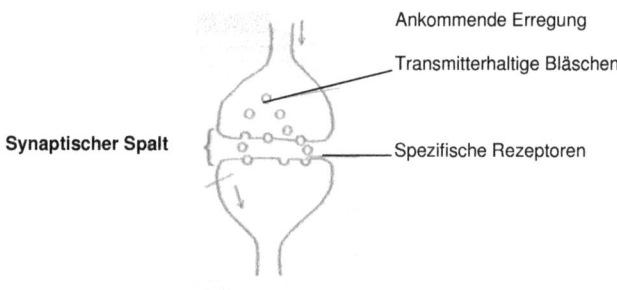

Ankommende Erregung

Transmitterhaltige Bläschen

Synaptischer Spalt

Spezifische Rezeptoren

Quelle: modifiziert übernommen aus: Hülshoof, 1999, S. 44

Was passiert biochemisch nun, wenn wir Freude oder Lust empfinden? Eine generelle „Biochemie der Lust oder der Emotionen" zu entwerfen ergibt jedoch wenig Sinn, da bei diesen neuronalen Vorgängen jeweils eine ganze Reihe an Aminen im Zusammenspiel aktiv ist. Ebenso wirken dabei mehrere neuronale Zentren zusammen, welche von jeweiligen Neurotransmittern und Hormonen stimuliert werden. Für die Emotionen Lust und Wohlgefühl spielt das Hormon Oxytocin (auch

---

[13] Vgl. Hülshoof, 1999, S. 45

Oxitozin), welches auch als „Bindungshormon" bezeichnet wird, neben dem Hormon Phenylathylamin, eine große Rolle. Aber auch durch die körpereigenen, morphinähnlichen Endorphine kann höchstes Wohlgefühl ausgelöst werden.

3. Die Emotion Lust

3.1 Was ist Lust?

Jedem Menschen dürfte das Gefühl der Lust in diversen Ausprägungen bekannt sein, denn wir entscheiden jeden Moment unbewusst neu, auf was wir Lust haben und auf was nicht. Diesen Entscheidungen gehen wir automatisch nach, wenn wir nicht durch andere Verpflichtungen des alltäglichen Lebens davon abgehalten werden.

In Wörterbüchern und Lexika findet man zu dem Begriff der Lust Beschreibungen als Gefühl des Wohlbehagens, Wohlbefinden, Freude, Genuss oder des Gefallens. Lust wird als Neigung, Verlangen und dem Bedürfnis nach etwas, das Freude bereitet beschrieben. Auch von einer sexuellen Lust ist in Lexika zu lesen, welche ein geschlechtliches Empfinden, die Erfüllung geschlechtlicher Begierden, Wollust und sexueller Genuss darstellt.[14]

Jedoch kann man Lust noch genauer differenzieren. Auf der einen Seite gibt es die Lust *auf* etwas, die man verspürt, wenn nach etwas strebt, das man noch nicht erreicht hat oder das noch nicht eingetreten ist. Diese Lust wird von Forschern auch appetitive Lust genannt. Auf der anderen Seite gibt es die Lust *bei* etwas, die sich einstellt, wenn man etwas tut, das Freude und Befriedigung bereitet. Hierbei hat man sein Ziel schon erreicht. Forscher sprechen in diesem Falle von der konsumatorischen Lust. Sie dient dabei keineswegs zum Selbstzweck, sondern ist eine von der Natur eingerichtete Funktion zum biologischen Zweck der Fortpflanzung und Erhaltung. Lust entsteht neben allen anderen Gefühlen im Gehirn und richtet dabei unser Verhalten auf ein ganz bestimmtes Ziel aus.[15] Neue Erkenntnisse des Forschers Kent Berridge zeigen dabei, dass sie jedoch nicht bewusst wahrgenommen werden muss. Ein Versuch zeigt, dass Probanden ein Getränk als wohlschmeckender beurteilen, wurden ihnen zuvor neutrale Bilderserien gezeigt, in

---

[14] Vgl. Wahrig,1997, Begriff „Lust"
[15] Vgl. Gehirn und Geist, 1/2007, S. 6

denen sich Gesichter mit frohem Gesichtsausdruck befanden. Diese „frohen Gesichter" wurden jedoch nur 16 Millisekunden gezeigt, damit sie nicht bewusst wahrgenommen werden können. Die Probanden waren sogar bereit, für dieses Getränk mehr zu bezahlen, als die Probanden der Kontrollgruppe, welche keine „frohen Gesichter" zu sehen bekamen.[16]

3.2 Wie funktioniert Lust?

Die grundlegenden fünf Sinne des Menschen - Sehen, Riechen, Hören, Tasten und Schmecken - sollen bei der Frage der Lustenstehung zuerst erwähnt werden, denn diese Sinne helfen uns die Welt in ihren Dimensionen wahrzunehmen. Durch diese Wahrnehmung wird es erst möglich, Informationen ins Gehirn aufzunehmen und zu verarbeiten. Natürlich werden unsere Sinne ebenso vom Gehirn gesteuert, so dass sich eine bemerkenswerte Selbstorganisation dessen durch vielfache Rückkopplungen einstellt. Die Natur hat uns dafür im Laufe der Evolution „ein differenziertes neuroanatomisch-biochemisch fundiertes Netz zu Erfahrung positiver Emotionen, insbesondere Lust, Liebe, Bindung und Freude entwickelt."[17] Wissenschaftler konnten dazu festhalten, dass sich während dieser Evolution die Teile des limbischen Systems, welche mit den so genannten „positiven" Gefühlen in Verbindung stehen weiter entwickelt haben und auch gewachsen sind, die Areale für die „negativen" Gefühle sind dabei zurück und unterentwickelt geblieben. Der evolutionäre Sinn dahinter beschreibt, wie bereits erwähnt, das Bindungsgefühl und die damit zusammenhängende Fortpflanzung, die Nachwuchsversorgung und Familiengründung, den Schutz dieser Verbindung und den daraus resultierenden Überlebensvorteil.[18] Unser Lustempfinden soll uns in diesem Sinne die Entscheidung zwischen überlebenswichtigen Verhaltensweisen erleichtern.[19]

Eine andere von der Natur eingerichtete Funktion der Emotion Lust bezieht sich auf unser Immunsystem. Durch Lust empfinden wir Freude und Wohlgefühle, die uns im wahrsten Sinne des Wortes stark machen. Durch eine positive Einstellung und Stimmung wird unser Immunsystem gestärkt und wir sind weniger infektanfällig.

---

[16] Vgl. ebenda, S. 29
[17] Vgl. Hülshoof, 1999, S. 112
[18] Vgl. ebenda.
[19] Vgl. Gehirn und Geist, 1/2007, S. 29

Diese Erkenntnis wird auch heute schon in der Medizin umgesetzt, indem Krebskranke eine psychotherapeutische Behandlung und eine soziale Begleitung neben ihrer medizinischen Therapie erhalten. Infolgedessen ist ersichtlich, dass sich hier immer wieder ein biologischer Kreis der lebensnotwendigen Funktionen schließt. [20]

Um zu versuchen, das Gefühl „Lust" unter biologischer Sichtweise zu beschreiben und zu analysieren, wurde bereits ausgiebig geforscht. Begonnen haben diese Forschungen als Tierversuch in den 1960er-Jahren mit Ratten, welche durch elektrische Reizung in bestimmten Hirnregionen stimuliert wurden. Psychiater Robert Heath bemerkte dabei, dass die Tiere darunter geradezu in Ekstase fallen und alle Aufgaben erfüllen, welche sie zu weiteren Stromstößen bringen. Ebenso ist es möglich, Menschen durch Elektroschocks zu Hochgefühlen bringen und auch sie fügen sich unzählige Male selbst Stromstöße zu, überlässt man ihnen die Kontrolle. Laut diesen Ergebnissen reicht es offensichtlich einen bestimmten Bereich im Gehirn zu aktivieren, den Schalter umgangssprachlich umzulegen und somit Lust zu produzieren. [21]

Eine Verbesserung der Messverfahren wurde durch neue Techniken wie die Elektro- und Magnet-Encephalographie und durch die Entwicklung bildgebender Verfahren wie die Kernspintomographie oder die Positronen-Emissionstomographie möglich. Somit konnten die Erkenntnisse, welche sie zuvor bei den Tieren erworben hatten, auch am Menschen überprüfen und erweitern. Unterschiedlichste Messungen konnten nun zu jeder Aktivität der Probanden komplikationslos durchgeführt werden.

Abbildung 3.2.1

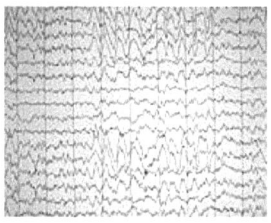

Aufzeichnungen der Gehirnströme mittels Elektroencephalographie[22]

---

[20] Vgl. Hülshoof, 1999, S. 115
[21] Vgl.: Geist und Gehirn S. 24
[22] http://www.gemeinschaftspraxis-oeschelbronn.de/rivoir/ekg.jpg

Abbildung 3.2.2

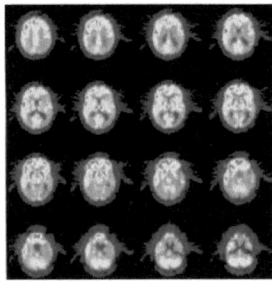

Gemessene Hirnaktivität durch PET[23]

Abbildung 3.2.3

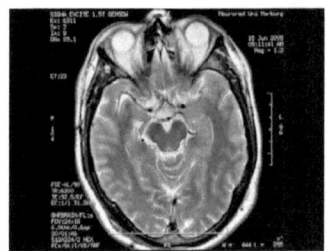

Aufzeichnung des Gehirns durch Kernspintomographie[24]

Den Versuchspersonen wurden dazu neutrale Denkaufgaben gestellt, Gefühl aufreibende Bilder gezeigt oder man versetzte sie sogar kurzzeitig in nachgestellte, emotionsreiche Situationen, was jedoch aus ethischen Gründen kritisch beäugt wurde. Insgesamt erweiterte diese Entwicklung der Technik die Gehirnforschung maßgeblich, sodass stets neue Erkenntnisse die Gehirnforschung revolutionieren.

In unserem Gehirn werden Areale, welche für Glücksgefühle zuständig sind, auch Belohnungszentren genannt. Als die bedeutsamsten Teile davon werden das ventrale Tegmentum und der Nucleus accumbens bezeichnet. Für unser Lustempfinden konnten fernerhin auch die dafür zuständigen Botenstoffe identifiziert werden. Als entscheidender Botenstoff für unser Belohnungszentrum stellte sich dabei das Dopamin heraus. Demzufolge wird des Öfteren an Stelle des Belohnungszentrums von einem „Dopaminsystem" gesprochen.

Dopamin gehört zu den Neurotransmitter, welche als Botenstoffe im Gehirn fungieren und dabei Nervenzellen erregen, und somit aktivieren, oder hemmen. Er kommt vor allem im Zentralnervensystem und bei kognitiven, emotionalen und motorischen Prozessen vor. Durch seine Ausschüttung wurde bislang jede Art der Lustgewinnung erklärt. Versuche, in welchen man die Ausschüttung blockierte und somit die Lust abnahm, bestätigten diese Theorie erneut. Zweifel jedoch kamen auf, als man weitere Versuche mit Ratten durchführte, bei denen Dopaminblocker eingesetzt wurden. Trotz den Blockern konnte bei ihnen eine Art Genuss und Ekel

---

[23] http://www.diagnoseklinik-muenchen.de/images/pet_uct_gross.jpg
[24] http://www.med.uni-marburg.de/stpg/allgemein/klinaktuell/nr26/Abb/Kernspin.jpg

als Reaktion auf süßes und bitteres Wasser festgestellt werden. Somit stellten Forscher, unter anderen Kent Berridge, Neuropsychologe der University of Michigan in Ann Arbor, fest, dass noch andere Stoffe für die Produktion von Wohlgefühlen verantwortlich sein müssen. [25] In diesem Zuge stieß die Wissenschaft auf die Erkenntnis, dass körpereigenen Opioide, welche sich im ganzen Gehirn verteilen, hierbei nicht zu vernachlässigen sind. Damit muss eine Einschränkung des „Zentrums der Lust" auf einen bestimmten Gehirnbereich ausgeschlossen werden.

Die folgende Grafik visualisiert die bisherigen mit den neuen Annahmen in einer Gegenüberstellung:

Abbildung 3.2.4

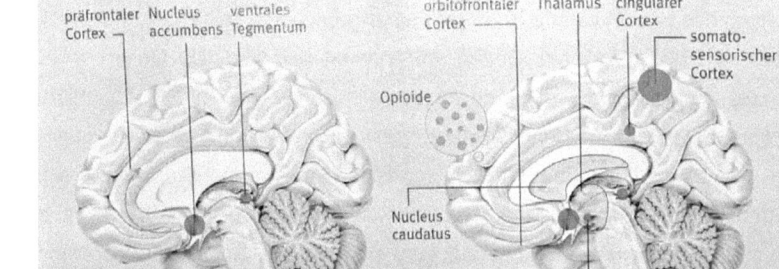

Quelle: Gehirn und Geist, 1/2007, S. 26

Als ein weiterer wichtiger Bestandteil zur Lustenstehung scheint das tief im Inneren liegende ventrale Pallidum zu sein, welches die Signale des Nucleus accumbens an die Großhirnrinde weiterleitet. Die Wissenschaft zeigt, dass Injektionen von Opioiden in diesen Bereich Genuss von Süßem verstärkt. Eine Beschädigung des ventralen Pallidum lässt dagegen Vorlieben verschwinden. So meint Kent Berridge: „Das ventrale Pallidum ist einer der heißesten Kandidaten für den Sitz der Lustgefühle". [26]

---

[25] Vgl. Gehirn und Geist, 1/2007, S. 25
[26] Vgl. Gehirn und Geist, 1/2007, S. 26

3.3 Die sexuelle Lust

Diese besondere Art der Lustempfindung, wie auch das Verlangen, wird als eine Facette der Liebe beschrieben, zu der auch die Begriffe Leidenschaft, Intimität und Bindung zählen. Erotische Gefühle des Wohlseins in allen Formen werden grundsätzlich durch unser Sehsystem, das Riechorgan, unser Gehör, unseren Tastsinn und den verarbeitenden Instanzen in unserem Gehirn beeinflusst. Fernerhin gibt es die Sexualhormone, welche für Sex, Lust und Bindung eine große Rolle spielen.[27] Bereits vor der Geburt kommen Sexualhormone zum Einsatz. In dieser Phase sorgen sie dafür, dass und wie sich das Gehirn entwickelt. Im letzten Schwangerschaftsdrittel wird durch das Hormon Testosteron entschieden, ob sich ein männliches oder weibliches Gehirn herausbildet. Kann das Hormon an den Rezeptoren des Hypothalamus zu dieser Zeit andocken und seine Wirkung entfalten, so bildet sich ein männliches Gehirn, im anderen Fall wird das Gehirn weiblich. Durch diese Entwicklung ergibt sich für den Menschen die sexuelle Orientierung. Diese können jedoch auch durch Erfahrungen in der Schwangerschaft beeinflusst werden. Forscher fanden heraus, dass gestresste Mütter vermehrt das körpereigene Opiat Endorphin ausschütten, durch welches das Testosteronsignal an das Gehirn zeitlich zu früh auftritt. Als Folge daraus lässt sich erkennen, dass die Nachkommen im Durchschnitt weniger männliche Eigenschaften aufweisen, sich fürsorglicher verhalten und häufiger homosexuell orientiert sind. Diese Eigenschaften relativieren sich jedoch wieder, werden die männlichen Nachkommen zusammen mit sexuell aktiven Weibchen aufgezogen. Somit wird hier ersichtlich, dass unser Sexualverhalten nicht allein mit Hormonen erklärt werden kann, denn Erbanlagen, hormonelle Einflüsse und individuelle Erfahrungen wirken hier vielmehr zusammen. [28]

Ein anderes Hormon, das Phenylethylamin - wie oben bereits erwähnt – wird als Botenstoff im Gehirn ausgeschüttet und zwar genau dann, wenn wir uns verlieben. Dadurch werden die bedeutenden Gefühle und Körpervorgänge des Verliebens in Gang gesetzt, welche alle einen biologischen Sinn haben. Begegnen wir einem Partner und es stimmt die Chemie, dann fühlen wir uns zu ihm hingezogen und spüren eine vegetative und seelische Erregung. Wir fühlen uns dann nicht nur interessiert, sonder erfahren ein ganz besonderes Glücksgefühl, welches durch das Phenylethylamin ausgelöst wird. Unser Gehirn wird dabei regelrecht davon

---

[27] Vgl. Hülshoof, 1999, S. 135
[28] Vgl. Gehirn und Geist, 1/2007, S. 7

überflutet. Wie jedoch jedem bekannt sein wird, hält dieses Gefühl nicht unendlich an und ebenso kann man es nicht zwanghaft auslösen, da man eine Hormonausschüttung nicht beeinflussen kann. Es geschieht also mit uns und ganz ohne unser Zutun. [29]

Neben der sexuellen Orientierung und dem Verliebtsein können noch intensivere Gefühle und Emotionen von Hormonen ausgelöst werden. Sexueller Körperkontakt löst ein starkes Lustempfinden, Erregung und auch Orgasmen aus. Die sexuelle Lust entsteht generell durch die Stimulierung der erogenen Zonen, doch die Gefühle, welche wir wahrnehmen, entstehen wiederum im Gehirn. Hier kommt das bereits erwähnte Hormon Oxytocin wieder ins Spiel. Oxytocin ist ein Hormon, welches bei der Geburt für die Austreibungsphase, nach der Geburt für Uteruskontraktionen und Milchproduktion und auch für die Stimmungslage der Mutter zuständig ist. Es sorgt nicht nur bei Frauen für Glücksgefühle während des Stillens, sondern ermöglicht Frauen und Männern angenehme und lustvolle Gefühle beim Sex und während des Orgasmus. Oxytocin beeinflusst das Sexual- und Bindungsverhalten und die damit verbundenen Lustgefühle infolgedessen in direkter Weise. [30]

Wie schaut es nun in unserem Gehirn aus, wenn wir lustvolle Gefühle empfinden? Wissenschaftler untersuchten dafür die Gehirnaktivität von Personen beim Betrachten erotischer und pornografischer Bilder. Erkenntlich wurde, dass dabei bei Männern und Frauen diverse Hirnregionen aktiv waren, sich jedoch auf den vorderen Teil des Gehirns konzentrierten. Dabei fiel ebenso auf, dass Lustgefühle bei sehr unterschiedlichen Reizen hervorgerufen werden, sei es beim Verzehr von Essen, dem Anblick eines Sonnenunterganges, der Einnahme von Suchtmitteln oder Sex. Dazu muss nun das Gehirn die Situation richtig erkennen und einschätzen, eventuell mit Erinnerungen verbinden und adäquat darauf reagieren. Das Gehirn teilt sich dabei die „komplexe Leistung des sexuellen Lustempfindens in verschiedene Teilaspekte auf": Im präfrontalen und orbitofrontalen Cortex wird die bewusste Erfahrung der Gefühle verarbeitet. Die so genannte Insel und Teile des cingulären Cortex sind für die Kontrolle der vegetativen Funktionen verantwortlich. Andere Bereiche des singulären Cortex und das Striatum verbinden Handlungen mit der

---

[29] Vgl. Hülshoof, 1999, S. 138
[30] Vgl. Hülshoof, 1999, S. 139

entsprechenden Motivation und bereiten somit sexuelle Aktivität vor.[31] (Vgl. mit Abb. 2.2.1)

3.4 Die kreative Lust

Lust auf einen Besuch in einem Museum, um schöne Kunst zu betrachten oder die Lust auf einen Theaterbesuch, um klassische Musik zu erleben. Woher kommt diese Art der Lust? Wissenschaftler aus Montreal entdeckten dabei durch PET-Scans, dass die als angenehm empfundene Musik die gleichen Regionen im Gehirn aktiviert, wie andere Reize der Lust (Sex, gutes Essen oder Drogen). Sie erklären dieses Phänomen mit der Theorie des Assoziationslernens.[32] Dabei ist gemeint, dass wenn ein neutraler Reiz mit einem für uns angenehmen Reiz einhergeht, wir danach schon positiv auf den bisher neutralen Reiz reagieren. Geben wir viel Geld für ein gutes Menü aus, welches wir genießen, dann verbinden wir daraufhin Geld mit einem angenehmen Gefühl. Spätestens dann sind wir auf den neutralen „Reiz" Geld konditioniert. Übertragen werden kann die Theorie des Assoziierens auch auf die Musik. Im dem Moment, in dem wir Musik hören, verbinden wir sie automatisch mit Erlebnissen, Erinnerungen und Fantasie, wozu wir diese oder ähnliche Musik bereits gehört haben. Somit kann sie dann unterschiedlichste Gefühle und vor allem Lust erzeugen. Andere Wissenschaftler, wie Jaak Panksepp, glauben, dass Musik eine besondere Auswirkung auf uns habe, da sie auf angeborene Lustsysteme im Gehirn wirke. Erklären könne dies zum Beispiel das Musikempfinden der Tiere, wenn Jungvögel sich vom Zwitschern der Artgenossen anstecken lassen oder Kühe mehr Milch geben, bekommen sie Musik zu hören. [33]

4. Die Gefahr der Sucht

Prinzipiell können wir unseren Lustgefühlen ohne große Bedenken nachgehen, solange wir ein gewisses Maß nicht überschreiten. Menschen, welche sich selbst immer wieder möglichst intensive Lust selbst verschaffen, verlieren dabei leicht die Kontrolle und können das Maß nicht mehr halten. In diesem Falle wird aus einer

---

[31] Vgl. Gehirn und Geist, 1/2007, S. 11
[32] Vgl. Gehirn und Geist, 1/2007, S. 29
[33] Vgl. ebenda.

intensiven Lust auf oder bei etwas eine meist krankhafte Sucht.[34] Ein solches Krankheitsmuster hängt zudem von der Anfälligkeit einzelner Persönlichkeiten ab. Manche Arten einer Sucht scheinen sogar erblich zu sein, da sie in mehreren Generationen auftreten. Eine genaue genetische Ursache dazu wurde noch nicht gefunden.[35]

Grundlegend ist zwischen zwei Arten der Sucht zu unterscheiden. Zum ersten gibt es die stoffgebundene Sucht. Hierbei wird Lustempfinden durch chemische Substanzen verursacht. Drogen wie Kokain, Amphetamine oder LSD verstärken den Phenylethylamineffekt, der, wie bereits erwähnt, für das Wohlbefinden und die angenehmen Gefühlen während des Verliebtseins zuständig ist. Andere Drogen simulieren die Wirkung körpereigener Endorphine und sind somit in der Lage, Lust und Wohlbefinden zu simulieren und zu verstärken. Bei häufigem oder dauerhaftem Gebrauch dieser Stoffe entwickelt sich eine Toleranz des Körpers, so dass der Betroffene zunehmend höhere Dosen zu sich nehmen muss um die gewünschte Wirkung zu erreichen.

Zum zweiten gibt es die nicht-stoffgebundene Sucht. Diese Form beschreibt die Sucht nach Tätigkeiten und Verhaltensweisen, wie zum Beispiel das Arbeiten, das Spielen (um Geld), Freude am Feuer oder das Sammeln. Man spricht hier auch von einer psychischen Störung. Die Esssucht steht jedoch zwischen beiden beschriebenen Formen, da sie stoffgebunden sein kann (Fettsucht), jedoch immer ein Suchtverhalten darstellt, wie zum Beispiel die Sucht beziehungsweise der innere Zwang, nichts zu sich zu nehmen (Magersucht) oder dies wieder zu erbrechen (Bulimie)[36]

In diesen Fällen der krankhaften Sucht nach Lust kann nur noch professionelle Unterstützung helfen. Ein langsamer Entzug für stoffgebundene Süchte beziehungsweise eine psychische Behandlung werden hier empfohlen.

5. Zusammenfassung und Ausblick

Nachdem wir nun einen Einblick in die Komplexität des Gefühlslebens bekommen haben, können wir festhalten, dass Emotionen und Gefühle hauptsächlich im Gehirn

---

[34] Vgl. Hülshoof, 1999, S. 116
[35] Vgl. Anatomica, 2004, S. 647
[36] Vgl. Hülshoof, 1999, S. 116

durch ein Zusammenspiel diverser Hormone und Gehirnstrukturen entstehen, welche durch ankommende Stimuli aktiviert werden. Ein genauer Schaltkreis, der für jede Art der Emotion aktiviert wird, konnte dabei nicht definiert werden. Oftmals regulieren emotionsverarbeitende Regionen des Gehirns mehrere Emotionsarten, so dass zum Beispiel Lust und Schmerz nahe beieinander liegen. Aktiviert werden unsere Gefühle durch unterschiedlichste Reize, welche wir durch unsere fünf Sinne wahrnehmen, jedoch ebenso durch kognitive Leistungen aufgrund bisheriger Erlebnisse.

Als das Verhalten beeinflussende Emotion kommt der Lust ein besonderer Stellenwert auch im evolutionären Sinne zu. Sie diente uns jeher als Hilfsmittel für überlebenswichtige Verhaltensentscheidungen und auch in der heutigen Gesellschaft lenkt sie unser Tun. Sie leitet uns bewusst und unbewusst dazu an, unserem Körper und der Seele (in der Regel) Gutes zu tun. Ebenso funktioniert die sexuelle Lust, durch welche wir die höchsten Glücksgefühle erleben können. Sexualhormone steuern unsere sexuelle Ausrichtung, unser Empfinden während der Verliebtheit und des Sex. Diese Form der Lust sichert somit in erster Linie die Fortpflanzung des Menschen und somit den Erhalt der Menschheit.

Die Lust nach abstrakten Dingen wie Musik oder Kunst wird nach heutigem Erkenntnisstand neben Vermutungen der Vererbung auf das Assoziationslernen zurückgeführt. Demnach verbinden wir mit auditiven und visuellen Reizen Empfindungen, die wir in diesem Zusammenhang schon erlebt haben – bewusst oder auch unbewusst.

So nützlich und angenehm die Einrichtung der Emotion Lust für uns auch ist, birgt auch sie als natürliche Funktion nicht zu unterschätzende Gefahren. Besonders labile Persönlichkeiten verlieren schnell die Kontrolle über das selbstständige Auslösen der Lust durch bestimmte Stoffe oder Verhaltensweisen. Oftmals endet dies in einer lebensgefährlich, krankhaften Sucht, welche nur noch durch Psychiater und Ärzte in den Griff zu bekommen ist.

Letztendlich lässt sich sagen, dass es alles andere als einfach ist, komplexe Emotionen wie Lust oder auch die Liebe im Gehirn wirklich dingfest zu machen. Das mag hauptsächlich daran liegen, dass es sich in diesem Forschungsbereich um abstrakte Objekte handelt, welche nicht fassbar sind, die jeder nur aus seiner eigenen, subjektiven Erfahrung kennt. Selbst wenn sich die Technik im Laufe der Jahre noch maßgeblich entwickeln wird, so werden Wissenschaftler das Gehirn mit allen seinen Funktionen wohl nie komplett erforschen können.

Literaturverzeichnis

Ankowitsch, Christian: Generation Emotion., Berliner Taschenbuch-Verlag, 2002

Hülshoof, Thomas: Emotionen: eine Einführung für beratende, therapeutische, pädagogische und soziale Berufe, München; Basel: E. Reinhardt, 1999 (UTB für Wissenschaft)

Medizinisches Lexikon: Anatomica, Könemann, 2004

Spektrum der Wissenschaft: Gehirn und Geist – Bitte mit Gefühl! Wie Emotionen entstehen und uns prägen. Forscher auf den Spuren von Glück und Wohlbefinden, Dossier 1/2007, Heidelberg

Wahrig, Wörterbuch der deutschen Sprache, Neuausgabe Juli 1997, Deutscher Taschenbuch Verlag

Wassermann, Claudia: Die Macht der Emotionen., Primus-Verlag, 2002